不可思议的发明

咔嚓，照相机

[加]莫妮卡·库林 / 著　　[加]比尔·斯莱文 / 绘　　简严 / 译

人民东方出版传媒
People's Oriental Publishing & Media

东方出版社
The Oriental Press

图书在版编目（CIP）数据

不可思议的发明. 咔嚓，照相机 / (加) 莫妮卡·库林著；(加) 比尔·斯莱文绘；简严译.
— 北京：东方出版社，2024.8
书名原文：Great Ideas
ISBN 978-7-5207-3664-0

Ⅰ .①不… Ⅱ .①莫… ②比… ③简… Ⅲ .①创造发明—儿童读物 Ⅳ .① N19-49

中国国家版本馆 CIP 数据核字 (2023) 第 213176 号

This translation published by arrangement with Tundra Books,
a division of Penguin Random House Canada Limited.

中文简体字版专有权属东方出版社
著作权合同登记号　图字：01-2023-4891

不可思议的发明：咔嚓，照相机
（BUKESIYI DE FAMING：KACHA，ZHAOXIANGJI）

作　　者：［加］莫妮卡·库林　著
　　　　　［加］比尔·斯莱文　绘
译　　者：简　严
责任编辑：赵　琳
封面设计：智　勇
内文排版：尚春苓
出　　版：东方出版社
发　　行：人民东方出版传媒有限公司
地　　址：北京市东城区朝阳门内大街 166 号
邮　　编：100010
印　　刷：大厂回族自治县德诚印务有限公司
版　　次：2024 年 8 月第 1 版
印　　次：2024 年 8 月第 1 次印刷
开　　本：889 毫米 ×1194 毫米　1/16
印　　张：2
字　　数：23 千字
书　　号：ISBN 978-7-5207-3664-0
定　　价：158.00 元（全 9 册）
发行电话：（010）85924663　85924644　85924641

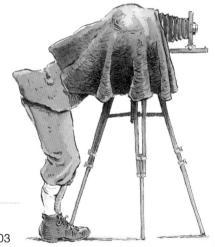

留下回忆

今天是个好日子
我拿着相机
每每你望向我
那些瞬间就被定格

我调试好灯光
让你夺目，让你绚丽
我捕捉你的身影
让照片替我留住天使般的你

上前一点，往左移移
后退一点，往右移移
让我的相机对准你

我对焦，再次对焦
直到你的身影终于清晰
我屏住呼吸
我的呼吸全是你

准备好了
就要拍啦
一二三
咔嚓

你成为永恒的回忆

　　由于父亲早逝、家境贫寒，乔治·伊士曼14岁就辍学了，他不得不提前工作来帮母亲和两个姐妹一起养家。

　　做普通职员时，乔治工作勤勤恳恳。长大后，乔治成了银行的高级职员，他工作很卖力，但是银行的工作非常辛苦。

　　"我想休息一段时间。"乔治有一天对母亲说。

　　"你可以培养一个爱好。"母亲说。

　　乔治认真想了想自己有哪些爱好，他喜欢图画，但又不会画画，他想他或许可以用照相机来拍摄图片。

1887年，照相机的尺寸有微波炉那么大，而且拍摄一张照片，除了照相机，还需要其他大量的必需品。

乔治喜欢列清单，他从家出发去买拍摄所需要的物品。

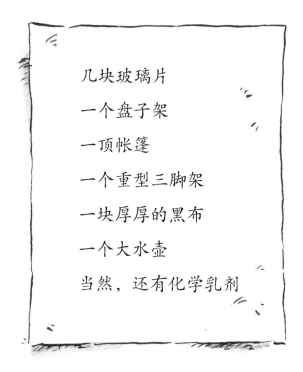

几块玻璃片

一个盘子架

一顶帐篷

一个重型三脚架

一块厚厚的黑布

一个大水壶

当然，还有化学乳剂

乔治离开商店时，几乎不堪重负了。他发现他的新爱好根本就是个体力活儿。

5

　　乔治·伊士曼住在纽约州的罗切斯特，附近的河流上横跨着一座石桥，那里是拍摄外景的绝佳去处。

　　一天早晨，乔治准备妥当去拍照片了，他背着捆好的帐篷和三脚架，拎着照相机，扛着盘子、盘子架、黑布、水壶和化学乳剂，他觉得自己像驮运货物的驴马。

乔治走在路上，食品店店主拦住他，问道："你要去干吗？"

　　"我要去拍照片。"乔治回答。

　　"那我得去看看。"食品店店主说。

　　两人走着走着，遇见一位面包师，面包师也想知道他们要去哪里。

"乔治要去拍照片。"食品店店主回答。

"哇!"面包师说,"那我得去看看。"

面包师跟在乔治和食品店店主后面往前走。不一会儿工夫,铁匠、鞋匠和其他人也加入了乔治的队伍。

到达石桥后，乔治灵机一动。"各位，靠近点儿。"他喊道，"我要给你们拍照片了！"

"太激动了！"食品店店主说。

"那还用说。"面包师说。

"会拍照片的人，我一个都不认识。"铁匠说。

"照片是什么？"鞋匠问。

乔治在帐篷里准备湿玻璃底片。他把玻璃片浸在化学乳剂中，当玻璃片均匀浸透后，乔治拿着它飞奔向照相机。玻璃片不能变干，不然的话，乔治就得把整个过程再重复一遍。

玻璃片很快就装好了，黑布罩住乔治和他的照相机。大家都安静地站着，乔治屏住呼吸，"咔嚓"一声按下快门。

　　乔治赶快回到帐篷，他要让玻璃片显影成照片。乔治小心翼翼地忙活着。他可不能失手让玻璃片掉到地上，否则会摔碎的。他也不能让化学乳剂溅出来，否则液体会渗进他的衣服里，或者灼伤他的皮肤。

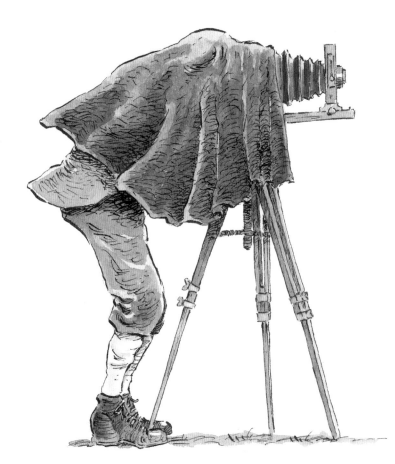

时间过得很慢，大家都不耐烦了。

"我的店在等着我回去照看呢。"食品店店主说。

"我的马儿们也正等着我呢。"铁匠说。

鞋匠跟着点点头，有很多破了洞的鞋正等着他回去修补呢。

照片终于冲好了。

"大家快来看看吧！"乔治挥动着照片。

可是，这时只剩下了乔治一个人，其他人早已返回镇上了。

乔治·伊士曼迷上了拍照。

"我希望每个人都能拍照。"他说，"拍照实在是太好玩了。"

"那你就想想办法吧。"他母亲建议道。

当时，没有多少人能拥有一台照相机——它们太贵了。便宜的也要 25 美元，几周的辛苦工作才能挣到这么多钱。

"干玻璃底片能让拍照容易点。"乔治说。他希望照相机使用起来像使用铅笔一样方便简单。

乔治每天下班后都忙着折腾他的干玻璃底片，他在母亲的厨房里调制化学乳剂，在母亲的烤箱里烘烤玻璃片。很多个早晨，母亲都发现儿子在地板上趴着睡着了。

　　乔治花了 3 年时间终于做出了一张能拍照的干玻璃底片，他给街角的房子拍了张照片来测试效果。

　　"我成功了！"乔治喊道。

　　"这可是个好消息。"他的母亲说，她早就想要回属于自己的厨房了。

　　乔治的干版底片取得了巨大的成功，这是继旋转门之后最棒的发明了。没多久，乔治就赚了很多钱，于是就从银行辞职了，在 1881 年，创立了他的干版底片公司。

　　又没过多久，乔治认为干版底片已经过时了，他又有了新的想法：发明胶片！乔治花了 4 年时间做出了第一卷胶片。使用胶片拍摄是全新的拍照方式，拍照时，再也不会手忙脚乱了，再也不会脏兮兮的了。

　　"终于不用玻璃底片了！"乔治宣布。

　　"太好了！"他的母亲说。她已经厌烦儿子关于照相机的话题了。

　　乔治接下来的发明是他最棒的一个——一台谁都会用的相机。小小的，很轻便，而且装好了胶卷。

　　乔治的新相机需要取个名字。他喜欢字母"K"的发音，就在相机名称中用了两个"K"。"柯达（Kodak）"听起来很干脆，就像按快门的声音。

　　乔治把他的公司取名为"伊士曼·柯达公司"。他还写了广告语——"您只需按动快门，余下的一切由我们来做。"

　　这款新相机很快流行起来。仅仅一卷胶卷，你就能拍100张照片。当胶卷拍完，你把胶卷连同相机一起寄给伊士曼·柯达公司。他们会把你的照片寄回来，装好新胶卷的相机也会寄回来，这样你又可以继续拍照片了。

　　乔治的相机没多久就风靡全球了，但他并没有停止照相机的发明。之后，他又设计了一款让孩子们也能快乐拍照的相机，并把它命名为"布朗尼"，单价只有1美元。

乔治·伊士曼因为发明相机而变得很富有。他在罗切斯特建了一幢有50个房间的大房子，并把母亲接来和他同住。

乔治的大房子安装了所有现代化的生活设备，包括21部电话，整套真空吸尘设备，一部电梯和一架巨大的管风琴。每天早晨乔治和母亲吃早餐时，管风琴手就在一旁演奏。

乔治非常慷慨大方，他捐赠了很多钱。他的第一批捐赠项目包括罗切斯特的一家牙科诊所，孩子们只花1美分就能去那里检查牙齿。

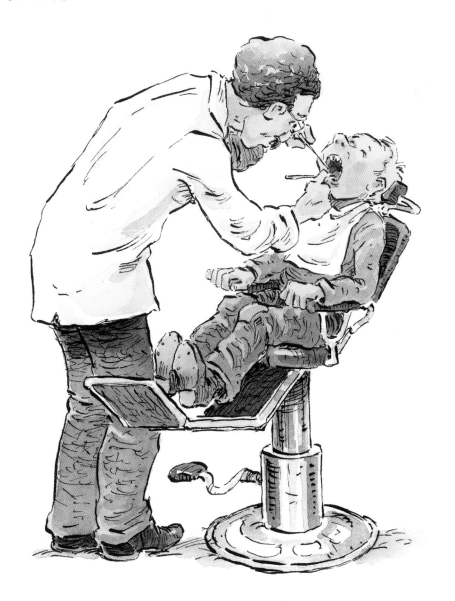

乔治一生都在拍照，你可以叫他摄影迷。他喜欢这句名言："一张好照片，胜过千言万语。"

　　乔治旅行时，拍照片；乔治在家时，也拍照片。他对准相机，聚焦镜头，然后喊道："说'茄子'！"于是大家一起说"茄子"！

让拍摄快乐！

自乔治·伊士曼时代以来，照相机又经过了漫长的发展。现在的数码相机能够让你在拍的那一刻就看到照片。你可以把照片下载到电脑里，可以用邮件发给朋友，还可以把你最喜欢的照片设置成屏幕图片，或者打印出来挂在墙上。所有这些事一天内就可以完成。

拍摄照片也许很容易，但如果你懂得些技巧，照片会拍得更好。这里有一些你可以记住的小窍门：首先，拍照前先构图。你不想让树或电线杆从你朋友头上冒出来吧！你也不会希望照片看上去太杂乱！其次，近距离拍摄会有更好的视野。最后，对焦后再按快门。是时候让拍摄变得更有趣了！

读发明家的故事，
给孩子插上想象的翅膀！

咔嚓，照相机

能够将爱好变成职业，是人生难得的幸事，乔治·伊士曼就是幸运儿之一。从被迫做不喜欢的银行职员，到一位拥有多项相机专利的发明家，乔治走得艰辛又充实。一个"喜爱图画"的简单爱好，酝酿成了能够留住美好瞬间的实用相机发明。如今柯达相机与布朗尼相机两个熟悉名字的背后，是乔治灌注的"您只需按动快门，余下的一切由我们来做""一张好照片，胜过千言万语"的美好希冀，便利的相机发明与专业的拍照技巧结合，定格了无数值得记录的美好瞬间。

[加] 莫妮卡·库林

加拿大温哥华儿童文学作家，其作品在欧美畅销多年，获奖无数。

[加] 比尔·斯莱文

加拿大知名插画师，至今已创作了 70 多本插画，其中《加拿大全书》《图书馆之书》在欧美家庭中更是耳熟能详。他获奖无数，包括"阿米莉娅·弗朗西斯和霍华德－吉本插画家奖"、"蓝叶云杉奖"以及"泽娜·萨瑟兰儿童文学奖"等。

上架建议：科普绘本
ISBN 978-7-5207-3664-0

京东旗舰店　天猫旗舰店

扫码了解更多好书

9 787520 736640 >

定价：158.00元（全9册）

不可思议的发明

蒸汽发动机

[加] 莫妮卡·库林 / 著

[加] 比尔·斯莱文 / 绘　　简严 / 译

东方出版社

The Oriental Press